神様からの贈り物

クーが伝えたかったこと

野村秀子
NOMURA Hideko

文芸社

目次

クーはね、神様からの贈り物なんだよ。

太陽が西の山に沈みゆく黄昏時、雲の隙間から降り注ぐ光とともに天使に見守られながら、天使の梯子を一段ずつ降りてきたんだよ。

だって寝る前に、毎晩神様にお願いしたから……。

「神様、昔飼っていた世界中で一番やさしかったトニーのような犬を、もう一度私にください」って。


二〇一〇年、私のもとへ来てくれたクーは、二〇二三年までの十三年間、誰よりも多くの人々を愛し、誰からも愛され、出会ったすべての人々に好意と労りを与え続けてくれました。

クーのキラキラ輝く目と目を合わせるだけで、心がやさしく包み込まれるようでした。

そんなクーの愛に満ちた日々を、これから振り返ってみようと思います。

🐾 出会い

飼い主に寄り添いながら歩く一匹のゴールデンレトリバーを遠くに眺めては、その姿にうっとり！　これがクーのお姉さん犬、きららちゃんとの初めての出会いでした。通勤する夫を車で駅まで送っての帰り道で、車窓からお見かけしてから、心に残っていたのです。

後日、偶然にもそのお二人？　に家の近くで出会った瞬間、私は思わず声をかけていました。

「その子とは、どこで出会われましたか？」と初対面にもかかわらず、ずうずうしくお聞きしたら、「ゴールデンレトリバーにはこだわりがあるので、茨城県まで行って選びました」ときららちゃんの飼い主さん。それを聞いた途端、「え〜〜そんなに遠いところまで〜、遠すぎる〜」と私はあきらめかけたのですが、「インターネットを開くとすぐ出てきますよ」と、親切にもブリーダーさんのお名前を教えてくださいました。

覚えているうちにと慌てて家に戻り、パソコンを立ち上げ、教えていただいたブリーダーさんの名前を入力すると、明るく清潔なブリーダーさんの犬舎と繁殖犬のリストがズラ～リと並んでいました。そこにきららちゃんとおんなじ顔の、お母さん犬を見つけたのです！「やった～～この子、この子。この子の子犬がほしいなぁ」と、私は思わず手をたたきながら、椅子から飛び上がりました。

そのお母さん犬の名前は、ギャウちゃん、なんて個性的な名前、私は一回で覚えてしまいました。まさしく、きららちゃんと顔がそっくり！　いえいえ、きららちゃんの顔が、ギャウちゃんにそっくりなのでした。嬉しくて嬉しくて、私は矢も盾もたまらず電話に飛びつき、ブリーダーさんに電話をかけました。はやる心を抑えてブリーダーさんと話すと、六歳になったギャウちゃんは、これからは繁殖犬ではなく飼い犬としてゆったりと過ごしてほしいので、昨日避妊の手術を終えたところです、と残念そうに言われました。

「えっ、昨日！　あ～～なんということ。せっかく教えていただいたのに、遅かった～」

私も残念で残念で仕方ありませんでした。どうしても、あのきららちゃんのような素敵なゴールデンレトリバーの女の子を飼いたかったのです……が、

「でも、ギャウちゃんの最後の出産で生まれた男の子が一匹だけ残っています。今、二か月ですがあまりのやんちゃ坊主のため、お客様がひかれてしまうので……」

と話されました。

私は当時、六十歳だったので、散歩やその他の世話を考えると、少しでも小柄な女の子がいいと思っていました。が、残っていた一匹は、元気いっぱいの男の子だったのです。

でもまだまだ問題がありました。それは今まで動物に触れ合う機会が少なく、動物となじみの薄い夫をどう説得するか、そしてブリーダーさんにいつまで待っていただけるかと、問題は山積みだったのです。思いきって包み隠さずブリーダーさんに相談したら、二か月でも三か月でも待ちますので、焦らずじっくり説得してくださいと、涙が出るほど嬉しい言葉をいただきました。そのうえ飼えるように祈っていますと励ましてもくださいました。希望の光がキラキラ輝いた瞬間でした。

それから後に、ブリーダーさんのホームページをのぞくと、次々と誕生する仔犬の動画が生まれた日時順に掲載されていました。その中にブルーリボンを首につけ、無心に手足を動かすあどけないクーを見つけることができました。ブリーダーさんにその話をすると、それから後は犬舎ではなく、ブリーダーさんのお宅の中で、大切に育てられているクーの動画を、ホームページに載せてくださいました。今もブリーダーさんのご厚意に、心より感謝いたします。

ブリーダーさんの思いやりに支えられて、あっという間に三か月が過ぎてしまいました。

夫を説得するには悪戦苦闘しました。小さい時から、家で動物を飼った経験がなく、犬と共にする生活の楽しさよりもどのように扱えばいいのかという不安の方が強かったのだと思います。夫は最後まで犬を飼うことに反対でした。私もこれ以上ブリーダーさんの好意に甘えるのは申し訳なく思い、ある日曜日、ブリーダーさんに断りの電話をかけようとしました。が、ちょうどその時、別の部屋から息子が現れました。状況を察した息子はその後、二時間にわたって別室で夫と話し合い、猛反対だった夫を説得してくれたのです。

条件は三つ。
一、夫に決して面倒をかけないこと。
二、犬は家の中に入れてもよいが、決して上にはあげないこと、玄関まで。
三、最後まで私が責任を持って面倒をみること。
の三点でした。

「ヤッタ〜！　息子よ、ナイス！」。私はもう、嬉しさと期待で胸がいっぱいになり思わず叫んでいました。お客さんもひかれるほどのチョー腕白坊主だというあの子のことを思うだけで、胸が震えました。きららちゃんのようなかわいい女の子ではないけれど、ギャウちゃんの産んでくれた最後の子、ぜったいぜったい大切に育てよう！と私の胸は喜びであふれるかのようでした。みなさんありがとう！　みなさんの温かい支えのおかげで、ギャウちゃんの産んだ最後の子犬が飼えるようになりました。私は何度も何度も、心の中でお礼を繰り返していました。

天にも昇る気持ちって、こんな感じ？　と私の心は喜びに震えるのでした。

やさしいママとかわいい姉妹との別れ

こうしてクーは我が家に来ることになりました。ちょうど五か月を迎えたころで、体重は十一・三キロでした。

それまでは、ブリーダーさんのお宅でママと二人のかわいい姉妹に見守られ、楽しく毎日を過ごしていました。その様子は、ブリーダーさんから私のパソコンに送られてくる動画で手に取るようにわかり、とても安心でした。

例えばおうちの中で、姉妹たちとボール遊びの最中、おしっこが我慢できなくなったクーは、おしっこシートを敷いたケージの中に慌てて入り、おしっこをすると「あ〜〜間に合った」とホッとしてケージの外に飛び出し、「みんなおまたせ」と、また元気に遊びだす様子など、それはほほえましく楽しそうでした。

また、ある時は幼い姉妹の膝の上にふんぞり返って、股をなでてもらっている様子が送られてきました。クーはきっと、自分は姉妹たちの弟と思っていたのでしょう。

今も目を閉じると、大好きなおねえちゃんたちに囲まれて、心から安心して遊んでいるクーの嬉しそうな表情が浮かんできます。また、クーは教えてもらうことが何よりも好きで、「次は何を教えてくれるの？」とワクワクしながら待っていますと、ブリーダーさんのママが教えてくださっていました。この時期に、クーは人には決して飛びかからないこと、手からおやつをもらう時は歯を立てず、舌先で口に入れること、そして、当時大流行していた「ナイース」と言われていた「ハイタッチ」の動作も覚えていました。

クーはこのかわいい姉妹から、生きるために必要なすべてを教えてもらったのです。彼女たちのことが大好きだったに違いありません。きっとこのままズーッと家族として一緒に過ごせると思っていたことでしょう。この二人の姉妹に遊びを通して教えられた一つ一つが、その後のクーの財産となりました。

ありがとう、二人のかわいい姉妹たち。クーはこの時期にあなたたちから受け取った温かい思いを、一生で出会ったすべての人々に降り注いでくれたと思います。

二〇一〇年十一月三日、クーは朝早くからケージに入れられ、一人ぼっちで初めて飛行機に乗り、我が家に来てくれました。さぞかし心細く不安だったことでしょう。

ごめんねクー、たくさんの荷物に囲まれ、闇の中でよくがんばったね。

それから数日後、クーがようやく我が家に慣れて庭先で遊んでいる時、ご近所のかわいい姉妹とそのお母さまが、楽しそうにおしゃべりをしながらクーの前を通り過ぎました。

その瞬間、クーは全力ダッシュで、三人の後を追いかけたのです。あっという間の出来事でした。きっと、今までかわいがってくれたブリーダーさんのママと姉妹たちに見えたのでしょう。その方たちは、自分たちを一目散に追いかけてきたクーを我が家に連れてきてくださいました。クーがわき目も振らず一目散によその方についていったのは、後にも先にもこの時一回きりでした。大好きだった姉妹とママのこと、クーは一生忘れないと思います……。

クーを愛情いっぱいに育てていただきほんとうに、ほんとうにありがとうございました。

お出迎え　ようこそ、我が家へ

二〇一〇年十一月三日の夕暮れ、夫と私は息子の車で伊丹空港の手荷物受取所に着きました。いよいよ待ちに待ったクーが、遠く茨城県からやってくるのです。

受付でドキドキワクワク緊張しながら待っていると、ケージに入ったクーもやや緊張気味に不安げな表情で現れました。体重は十一・七キロ、息子が片手でケージをひょいと持ち上げ、車のトランクに積み込みました。

初めて私たち家族三人との対面に、クーは慌てず騒がず興味津々でおとなしく車に揺られて我が家に到着！　今思うに、わずか五か月の子犬なのになかなか冷静沈着！　肝っ玉が据わっておりました。

そしていよいよ車から降ろされ、我が家の玄関でケージから出され……。

我が家に来るまでブリーダーさんの家の中で、幼い姉妹たちときょうだいのように楽しくにぎやかに過ごしていたクーは、いそいそと私について家に上がってきました。

朝から狭いケージに閉じ込められ、やっと外に出してもらい、ホッとしながら玄関のタイルからピョ～ンと床の上に……。

でも夫との約束は、犬は玄関まで……。ハッと気づいた私は、思わず大きな声で、「あっ、上はダメ！　ノー！」と大声で言ってしまいました。その声を聞くや否や、クーは一気に玄関のタイルに飛び下り、その場にたたずみ、「ここは……そしたらここはいいの？」と、私の目をじっと見つめました。そして、私の言葉かけをひたすら待っているのです。

あまりの愛おしさに、私は慌ててクーのいる玄関に駆け下り、思いっきり抱き

クーが我が家にやって来た！（クー５か月）

しめました。クーは、私を困らせたくなかったのです。いつもどんな時も相手の気持ちに寄り添ってくれました。

その後、クーは十年間、この時の私のたった一声の約束を守り通してくれました。もちろんいつも、リードをつけずに私たちが留守の時も、決して上がってきませんでした。それは……十年後に、クーが我が家の居間に住めるようになる時まで続きました。

でも、ほんとうはクーも一緒に上にいたかったんだよね。いつも玄関の板の間に大きなお顔をのせ、家の中の様子を見つめていたよね。

クー、長い間、よくがんばったね！　ほんとうに、ほんとうにスゴイよ、クー。

五〜八か月のころ

ブリーダーさんの広いリビングから、我が家の狭い玄関が居場所となったクー。いたるところに脱ぎっぱなしの、靴やスリッパに囲まれた生活が始まりました。実はこれまでの経験から、私はひそかに覚悟していたのです。たちまち我が家の靴とスリッパは、あっちこっちが破けて見るも無残な姿になってしまうと。ですが、クーはそれらには見向きもせず、予想外にも、自分に与えられたおもちゃとシーツを機嫌よくかみかみして、嬉しそうに遊んでくれました。きっと家族のにおいのしみ込んだ履物は、遠慮してくれたのでしょう。ナイスクー、すばらしい〜。ただ、シーツをかみかみするうちに、繊維を飲み込んでしまい、猫が毛玉を吐き出すように繊維の塊を吐き出すことがありました。時にはカチコチの大きな塊を吐き出すこともありました。お医者さんに相談すると、やはりストレスのためシーツを噛むと言われたので、なるべく玄関にいるクーに声をかけ、ロープなどの犬用おもちゃで遊んであげるようにしました。

八か月のころ、クーのお気に入りは、ひっぱりっこのゲームでした。私がロープの一端を持ち、クーがその逆をくわえ、ヨーイドン！　で力いっぱいひっぱりっこをするのです。クーは私に負けたくないと、すごい迫力！　両足を大地にしっかり踏ん張り全力で引っ張るのです。その時のクーの顔といったら、犬歯丸出しで、何が何でも離すもんかという表情！

ところが、もち手を私から三歳の孫に交代するやいなや、ポトリ！　クーはたちまちロープを口から離してしまうのです。何回やっても私が持つとグイグイ、

ひっぱりっこ。孫には「ハイ、どうぞ！」

孫が持つとポトリ。グイグイ、ポトリの繰り返し……。

クーは、まだ非力な孫に自分が簡単に勝ってしまうことがイヤだったのです。彼は自分から進んでロープを幼い孫にゆずりました。自分が簡単に勝ってしまって、相手を傷つけたくなかったのです。教えられもしないのに、孫をやさしさと思いやりで包み込んでくれたクー。私は心から頼もしく、愛おしく感じました。今は高校生の孫は、その時にクーから味わった不思議な気持ちを、はっきり覚えているそうです。彼女も、今は人の痛みのわかる心やさしい女の子に育っています。クーは、私たち家族の大切なお手本でした。

🐾 訓練開始　八か月

八か月を迎えて一段と力強くたくましくなったクーは、お散歩でグイグイリードを引っ張るようになりました。ついに私の力では抑えきれなくなり、訓練士さんにクーのしつけをお願いしました。

この訓練士さんは犬の訓練一筋に六十年間生きてこられ、戦後は警察犬の訓練に携われた大ベテランでした。初めてクーに会われた時、頭と顔と性格の三拍子がこんなにそろっている犬はなかなかいない、クーがたった一匹、最後までブリーダーさんの犬舎で残っていたとは、まるで奇跡のような巡り会いだと、感心して話してくださいました。そして「まさにこれこそ、残り物には福があるということですぞ　ワッハッハ……」と、豪快に笑いながらうなずかれました。クーはその横でキョトンと嬉しそうにしっぽをふりふり、「ぼくもこの人、気に入った」と言わんばかりの様子でした。

訓練士さんが話された三拍子の話について、さっそくブリーダーさんにお知らせすると、ブリーダーとして最高のほめ言葉をいただきました、と言われ、とても喜んでくださいました。

それから週二回、訓練士さんの車が家のそばに来ると、クーは嬉しくて嬉しくて我慢ができず、狭い玄関で飛び跳ねていました。きっとクーは、ブリーダーさんの犬舎にお客さんがこられた時、嬉しさのあまりピョンピョンはねて喜びを伝えていたのだと思います。その姿が、やんちゃさんに見えたのでしょう。その後もずっとクーは、お客様がみえると嬉しくてたまらない子でした。

訓練は近所の公園で行われました。私も毎回訓練の様子を見せていただきました。訓練士さんにはたいへんご迷惑をおかけしましたが、幼い時から雑誌「愛犬の友」（二〇二〇年七月号で休刊）を読み続け、犬の訓練士という職業に憧れていた私にとって、それは、素晴らしい体験となりました。

クーは訓練士さんの号令で横に寄り添い、しっかりと次の命令を待つのです。次の瞬間、まるでゲームのように楽しそうに従う様子は、いつものクーとは目の色まで変わっていて、心から、訓練を楽しんでいることがわかりました。人に喜んでもらうことが大好きなクーは、訓練士さんに褒められるたびに、嬉しくて仕方がない様子でした。

クーは最高の訓練士さんに恵まれ、一年半の訓練を心から楽しんで終えることができました。そしてこの時間は、クーの幼少期を彩る楽しく貴重な思い出となりました。クーは、ブリーダーさんから聞いたとおり、訓練が大好きなワンちゃんでした。訓練士さんに深く感謝いたします。クーにとってかけがえのない時間をありがとうございました。

セラピードッグ　十か月

十か月になったクーは、日本レスキュー協会のセラピードッグ認定試験にチャレンジしました。そして、見事一発合格したのです。スゴイ！

セラピー犬とは高齢者福祉施設、障碍者支援施設、病院等を訪問し、人の健康と幸せをサポートするお仕事をする犬のことをいいます。よくしつけされており、人が大好きな犬たちのことです。欧米に比べ日本ではまだ認知度が低い状況です。クーの性格が穏やかで人を大好きだったので、施設で生活されている方々の癒しになればと思い、セラピードッグ認定試験にチャレンジしました。

しかし、このテストはまだ十か月のクーにとって、なかなか過酷なものでした（実は私もビックリ！　でした）。テストでは、まず協会の一室にクーだけが入り、そこで三名の男性審査員の方々が様々な想定のもとで、クーの反応をご覧になりました。

いついかなる時も、慌てず冷静であること。そして、一切の攻撃性を持たないことが、セラピードッグに求められる絶対条件でした。セラピードッグとして施設訪問の間中、どんな状況においても、入居者の方に危害を加えないことが求められるのです。

三人の上背がある男の方々が、「ウォーウォー」と大声を張り上げ、パイプ椅子を持ち上げたり投げつけたり（もちろんクーに当たらないようにですが）、足をドンドン踏み鳴らしながら大声で迫ったりと、スゴイ迫力！　クーは生まれて初めての恐怖体験を味わいました。その迫力は予想以上で、ここまでとは知らず試験を受けさせてしまった私は、猛反省。まだ十か月のクーにとって、この体験は過酷だったのでは？と思いました。

結果は、まだ十か月という時期にもかかわらず、クーは冷静沈着、攻撃性は一切ないという評価をいただき、なんと高得点で合格したのです。テストの翌日は、ひたすら眠り続けたクー、我が家に帰って心からホッとしたのでしょう。こわかったね～クー。でもよくがんばった、えらかったよ。

しかし、ただ一つ問題がありました。クーはよその車に乗ろうとしませんでした。やはり日本レスキュー協会の車にも、決して乗ろうとしませんでした。セラピー活動の日は、我が家から車で協会まで行き、協会の車で現地に行きました。成犬になり体重も増えたので、協会の車に乗せるたびにレスキュー協会の方に負担をかけるのと、クーのストレスを考え、徐々に訪問を減らしていきました。

でも今、冷静に考えるといくら試験とはいえ、あれだけの恐怖体験を味わった日本レスキュー協会に行くだけでも大変なことだったのに、そこの車に乗るなんて、クーには我慢できなかったのでしょう。だって一度きりで理解し、記憶してしまうクー、なぜあんなに車を嫌がったのか、今ようやく気づきました。

今ごろあの時のクーの気持ちがわかったよ。クーの気持ちに気づかずに、ごめんね。

クーは、近所の公園でたくさんの仲良し犬と一緒に、ボールを追いかけて思いっきり走り回っている時が一番楽しかったのです！　こんなに近くの公園で、楽しいことがいっぱいあるなんて、クー、ほんとうによかったね。

大好きな公園で　一歳半から

我が家の近くの公園は、四季折々の緑が楽しめて、遊具遊びだけでなくボール遊びもできる大きなスペースがあり、朝早くから夕方遅くまで、多くの市民の憩いの場となっています。先日も夕方、公園の近くを散歩していると、グラウンドから草野球に夢中の少年たちの弾む大声が聞こえ、思わず微笑んでしまいました。まさしく昭和の時代にタイムスリップしたような……そんな心和む公園です。どうか、いつまでもこのままでありますように……実は最近、その広いグラウンドを取り囲むように、とても大きくて高いネットがはりめぐらされました。しばらくは公園の存続が安泰の兆候に、ひそかに胸をなでおろしています。よかった〜〜、いつまでもいつまでもこの公園が多くの人々の憩いの場でありますように……。

クーもこの公園で早朝、登校前のサッカー少年たちの練習に入れてもらい、元気いっぱいサッカーを楽しみました。

クーが公園に行くと少年たちから、「クーちゃん～きたきた」と、弾む声！　クーも「ごめ～ん、ぼくおそかった～?」とすぐ中に入って、サッカーのプレーを楽しみました。

一対一で少年と向かい合い、右前足をボールにのせ、少年の目を見つめながらタイミングを見計らっては走り、走ってはボールを取り、片足をかけては立ち止まり、みんなの動きに合わせて要領よくプレーをこなし、楽しんでいました。「ねえ～、今の見てくれた～、ぼくかっこよかった～?」と、しっぽをビュンビュンと振り回し、走り回るクーの姿に、思わず私も、まるで我が子の運動会を見ているような気分で応援していました。「クー、走って走って！　がんばれ～」って……。

ボールが大好きで、ボールを見ただけで体が勝手に動きだすクーにとって、この時間は最高のひと時でした。みんな仲間にいれてくれて、ありがとう。

このチームのリーダーの少年は、その後、高校生になっても散歩中のクーに出会うと、会うたびに声をかけてくれました。クーと毎朝遊んでくれたサッカー少年のみなさん、ありがとう！　今はきっと素敵な青年になっていることでしょうね。もう一度、あってみたいなぁ。

　そしてこの公園は毎朝、ご近所のワンちゃんとの交流の場でもありました。

　お姉さん犬のきららちゃんをはじめ、我が家のお隣のハナちゃん、そしてクーよりさらに大きいワイマラナーのヒューゴ君、弟分なのになぜかクーより大きいゴールデンレトリバーのそらちゃん、丸いお目目がチャーミングなコッカーとトイプードルとのミックス犬のレジちゃん、食欲旺盛の柴犬のなっちゃん、なかなか勝ち気なトイプードルのはるちゃん、石

サッカー少年たちと遊ぶクー

を食べて二度も開腹手術をしたコーギーのマロンちゃん、小さな体で、とても俊敏な走り方のパピヨンのチキートちゃん、いつもおとなしく、ひかえめのバーニーズ・マウンテン・ドッグのメイちゃんなど……まるでとても大きなドッグランのような公園で、たくさんのお友達に囲まれて、クーは元気いっぱい走り回っていました。それはクーが八歳で前十字靭帯断裂の手術を受けるまで、毎朝続けられました。

クーと一緒に走ってくれたみんな、ほんとうにありがとう！　今ごろどうしてるかなぁ、どうか元気でいてくれていますように……。

お隣のハナちゃん

我が家のお隣のハナちゃんは、クーより四歳年上のお姉さん犬です。ハナちゃんがママと一緒に回覧板を持ってくる姿がかわいかったのも、私がゴールデンレトリバーを飼いたくなった理由の一つでもありました。その後、きららちゃんに巡り合い、クーが我が家に来たのです。

やさしいハナちゃんとクーは、大の仲良しさん！　彼らがけんかをしているところは見たことがありませんでした。私たち人間のお手本、いつも安心して遊ばせることができました。でも、どちらかというとハナちゃんの方が積極的で、ひっぱりっこも、最後はクーが、ハナちゃんママに目で合図をして加勢を求め、ママに「クーちゃん、ちゃんと自分でがんばりなさい」と諭されてしまうのでした。

そしてクーは二度も、大好きなハナちゃん家へお泊まり保育に行きました。ハナちゃんママは大の動物好き！　犬に限らず、猫ちゃん、お馬さんと、なんでもござれのスーパーレディ！　そのママが、ゴールデンの多頭飼いの雰囲気を味わってみたいということで、クーのお泊まり保育が実現したのです。後にハナちゃんママから聞いたのですが、クーはハナちゃんと仲良くリビングのクッションで、まるで王様気分でくつろいでいたそうです。でも、夜になって寝る時間になると、ハナちゃんママが何度言っても、クーはリビングから玄関に戻り、タイルの上で寝ていたそうです。習慣とはおそろしい〜。でしょう。ハナちゃんもきっと不思議に思ったことでしょう。ハナちゃんパパがお仕事から帰ってみえた時、大きなクーが玄関にの

お家の前でお隣のハナちゃんと

さばっていて、きっとびっくりされたことでしょう。ハナちゃんパパ、驚かせてごめんなさい。

そして、ハナちゃん家のけんちゃんは、クーのボール遊びの相手をしてくれました。けんちゃんの大切なサッカーボールで、元気いっぱい家の前を走り回り、それは楽しそう！　クーはけんちゃんのボールが普段どこに置かれているかちゃんと知っていて、いつもその場所まで行っては、けんちゃんが出てきてぼくと遊んでくれないかなぁと、玄関のドアを見ながら待っていました。けんちゃんがボールで遊んでくれるのを期待して。

そして、クーの気持ちをすぐわかってくれたハナちゃんママ、クーがお世話になりました。ママが「クーちゃんの、お隣でよかったです」と言ってくださった一言が、今、とても嬉しく思い出されます。クーにとっても私にとっても、ハナちゃんのご一家は最高の隣人でした。その後、ハナちゃん一家は東京へ引っ越しをし、今も東京で元気に暮らしているそうです。先日、ハナちゃんの写真が送られてきました。まだまだ十分にきれいなハナちゃんでした。嬉しかったです。ハナちゃん、クーの分まで長生きしてね。
がんばれ！　ハナちゃん！　フレーフレー！

追記　二〇二四年五月九日、ハナちゃんの永眠のお知らせをいただきました。最後までよくがんばったね。天国でもクーと仲良く遊んでね。

夕方のお散歩

クーのお散歩は、朝と夕方、一日二回です。

朝はいつもの公園で、顔なじみのワンちゃんたちと元気に走り回るのですが、夕方は近所をぶらぶらと散策しました。

夕方のお散歩の時は、家を出るや否や自分からリードを口にくわえます。「今から、僕が連れて行ってあげるからついてきてね」と、嬉しそうに必ずスキップするのです。すれ違う方が、「わ〜、自分で持って、えらいね〜」と、声をかけてくださるまで、口から離さないのです。ほんとうに、褒めてもらうのが大好きなクーでした。

我が家のすぐ近くにクーの大好きな年配のご婦人のおうちがあります。遠くから

クーちゃん、いってらっしゃーい。
大好きなかめいのおばあちゃん

クーを見つけると、透き通るようなソプラノで「クーちゃ～ん」と一声。そのかわいい声を聞いた途端、クーはしっぽ全振りで、そのご婦人の足元に猛ダッシュで走り寄り、なでなでしてもらうのです。そして「クーちゃん、これからお散歩？　いってらっしゃ～い」と、明るい声に送られ、そこからようやく口のリードを私に戻して、大好きなお散歩のスタートです。「かめいのおばあちゃん、ぼく大好きだよ」とクーの目が語っていました。

ある夕方、はがきを片手にお散歩に行きました。いつものコースにはポストがなく、ちょっと足をのばし、途中から別のルートに変更してはがきをポストへ投函！　そして次の日、夕方のお散歩で昨日のコースといつものコースの岐路に差し掛かった途端、クーはぴたっと立ち止まり、後ろを向いてあたりをキョロキョロ。それから心配そうにおすわりをして、じっと私を見つめるのです。すっかり昨日のことを忘れていた私は、クーのいつもと違う行動に戸惑ったのですが、昨日のお散歩ではポストまで足をのばしたので、お散歩のルートがこの地点で変わったことを思い出しました。クーは、しっかり昨日のルートを頭に入れ、「今日はどっちですか？」と私に聞いていたのです。クーが我が家に初めて来た時、たった一回の私の命令で、その後許しが出るまでの十年間、決して一度も玄関から上にあがらなかったことと重なり、クーはなにごとも一度でしっかり覚えてしまう、だからこそ間違ったことは教えられないと、肝に銘じました。

お散歩ではたくさんの方々が、声をかけてくださいました。クーも声をかけてくださる方に駆け寄り、その方の手元に口先でやさしくつんつんと触れ、「こんにちは」のあいさつをしていました。そのしぐさにみなさん思わずにっこり笑顔！　夕暮れ時の心温まるひと時が流れていきました。

その中のお一人、いつも日傘をさし、美しいレースのお洋服に身を包んだ、色白のご婦人がおられました。後にそのご婦人から聞いた話では、レースのエプロンをつけ

夕方のお散歩

ていたということですが、いえいえ、まるでヨーロッパの貴婦人のように美しく上品な方でした。

ポチ、レオン、リンゴちゃんたち三匹の美しいママとお散歩中に出会い、二、三回立ち話をしたのですが、その後まったく出会えず気になっていました。

ところがある日、クーとお散歩中に偶然また出会うことができて、お互いに寂しかった思いを伝えることができました。クーが元気だったことをとても喜んでくださり、その場でご主人に携帯で報告されていました。あまりにも仲の良いご夫婦関係をうらやましい思いで眺めておりました。今その方は、心に希望の光を届けてくれる、私のかけがえのないお友達です。これからもクーが散歩で紡いでくれたご縁を大切にしたいです。

夕方の公園では、たくさんの子供たちが声をかけてくれました。

「あっ、クーちゃんだ〜」と、遠くのクーに最初に気づいた子は、得意げに仲間に知らせてくれました。クーに触れようとたくさんのもみじのような手が伸びてきましたが、どこを触られてもクーはしっぽをフリフリして嬉しそう！

また、我が家に来てくださる郵便や宅配の配達員の方々も、道ですれ違うと車やバイクを道端に止めて降りてきてくださいました。忙しい仕事中にもかかわらず頭をなでながら、クーにやさしく語りかけてくださいました。宅配の配達員の方には、クーの亡き後から今に至るまで温かい心遣いをしていただき、感謝の気持ちでいっぱいです。

そして、散歩中にお友達になったワンちゃんは数えきれません。みんなそれぞれの家庭で幸せいっぱいの日々が末永く、続きますように……。

公園でみんなと一緒に

ごあいさつ

クーのあいさつは「おはよう〜」と、「ただいま〜」の二つでした。

私たち夫婦は二階で寝るので、夜中、クーは一階で一人ぼっちです。明け方、朝日が差し込む玄関で、私たちが二階から下りてくるのを今か今かと待ち構えていました。トントントンという足音が階段から聞こえると、クーは階段に駆け寄り、下りてきた私の足元に頭をグイグイ押し付けて「おはよう〜」のごあいさつ！　私も思いっきり頭をなでなでします。しばらく、体をグイグイ押し付けてきますが、気がすむと私から離れます。亡くなる最後まで嬉しそうに、しっぽをパタンパタンとゆすりながら私のもとに来てくれました。どんなに体調の悪い時も……ありがとうクー。最後の日まで、おはよう〜のあいさつ、上手だったよ。

朝は夫が散歩の担当で、帰ってきたら「ただいま〜」のごあいさつ。お散歩の大好きなクーは、リードをくわえるとピョンピョンとスキップをして、とても嬉しそう！

そんな朝のお散歩を終えると、待っていた私のもとに駆け寄り「ただいま～、楽しかったよ、おしっこもうんちもでたよ」と、報告してくれました。私も頭をなでながら、「よかったね～、すっきりした？」と言って、お返しです。

それから、クーの待ちに待った朝ご飯です。なぜかお散歩と同様、クーのご飯の面倒まで、夫はみてくれるようになっていました。はじめにクーを飼う時に決めた、決して夫に面倒をかけないという約束は、徐々に姿を消していきました。夫に感謝の思いでいっぱいです。

夫がクーの食器にご飯を入れると、クーはまたまたスキップをしてご飯の置かれた台まで行き、おいしそうにカリカリと音を立て、食べていました。最後の日まで、一粒残さず、おいしそうに食べてくれました。私に心配をかけないように？　だったら、クーは人間みたいです。でも、これだけは言えます。クーはまちがいなく、誰よりも食いしん坊さんでした。

クーのおしゃべり

クーは、ほえないワンちゃんでした。飼いはじめてしばらくすると、あまりにもほえないので、少し心配した時期もありました。ブリーダーさんからも、クーのほえる声を聞いたことがないので番犬にはなりません、と言われていました。でも、私の頭の中は、ほえない＝こわがらない＝心が広い＝思いやりで周囲を包む子、という確信にみちていましたので、もちろんＯＫでした。ある夜、クーは夢の中で「うぉん！」と、それはそれはカッコイイ低音でほえたのです。「よかった～、クーはちゃんと声がでるんだ」と、ホッとしました。

決してほえないクーは、その後、喉の奥から絞り出すような声で、返事をしてくれるようになりました。こちらからの声かけにこたえるように、それはそれは小さな声で、そっとやさしく喉の奥からささやくように……。

亡くなる二日前の夜の、なかなか止まらなかったクーのやさしいおしゃべりを、私は一生忘れません。あの時、思いました……「クーは、お別れをしている」と……。

悲しくて悲しくて、涙が止まらなかったけれど、私も伝えました。

「クー、大好きだよ。いつまでもいつまでも忘れないよ。ありがとう。ありがとう。大好きなクー」

私はあふれる涙を拭きもせず、何度も何度も、ただ繰り返していました……。

🐾ぼく、いりません（No Thanks）

クーの返事、「ぼく、いらないよ〜」の考案者は、彼自身！　スゴイでしょ。「ＹＥＳ」（したい）の時は、超簡単！　ふさふさのしっぽ（ちなみに、「クー」はフランス語で、しっぽのことらしいです）を、パタンパタンと振り回し、体はスキップ、おまけに目は嬉しそうに笑っています。

では、「ＮＯ」（したくない）の場合は？

「ぼく、いらないよ〜　したくないよ〜」の合図は、まずこちらの方を向き、きちんと座って私の目と目を合わせた途端、クーはパチリと両目を閉じるのです。例えば、「クー、おしっこしたい？」と私が聞くと、したくない場合は、まずおすわりをして私の目をじっと見つめ、直後に両目をパチッと閉じます。この動作をした時は、クーが「今、ボクおしっこ行きたくないよ〜」と言っているのです。どんな言葉より、動作で自分の気持ちを伝えるのが上手なクーでした。

今でも浮かんできます。あの時の両目を閉じたクーの顔、かわいかったなぁ　もう一度見たいなぁ。

おトイレ

我が家の洗面所には、六十センチ×九十センチの大きなおしっこシートがいつも敷かれていました。それは雨の日専用で、普段は家の前の溝にかかっている鉄製のグレーチングの上で用を足していました。それをご覧になった近所の方は、「クーちゃん、かしこ〜い」と、褒めてくださるのですが、それはおしっこが溝に流れていって、自分の足にかからないからでした。飼い主に似ず、クーはきれい好きだったね。そしておしっこの後、我が家のホースで溝を洗い流し、終了となりました。

雨の日は外に行けないので、洗面所のおしっこシートで用を足しました。でも洗面所の扉を閉め忘れると、クーはなかなかおしっこをしないのです。隣にトイレがあり、私たちが扉を閉めてするのを、クーはちゃんと知っているようでした。なんでもみんなと一緒が良かったクー、それとも見られるのが恥ずかしかったのかな？

ただ一度だけ、私たちの留守中にすごい落雷があり、心配しながら家に帰ると、洗面所のおしっこシートにおしっこの跡が、くっきり！　いつもは、私たちが帰ってくるまで、おしっこは我慢して、私たちが帰ってきたら待ってましたとばかりに外のグレーチングの上でするのですが、一人ぼっちのうえ、天空にひびきわたる雷の爆音に、怖くなり我慢できなくなったのでしょう。クーの慌てた様子が目に浮かび、思わず抱き寄せてしまいました。こわかったね～クー。よくおもらししないでシートまでがんばって行けたよね～　えらいえらい。

おもらし

クーが我が家に来ておもらししたのは、たったの二回だけ！　これはブリーダーさんのお宅で五か月まで過ごしたので、その間にしっかりと教えていただき、クーが我が家に来た時は、何一つ教えなくてもよかったという、とても恵まれた状態でスタートしたからに違いありません。ブリーダーさん、ほんとうにありがとうございました！

まず一回目、きららちゃんの家にゴールデンレトリバー仲間のご夫婦が来訪され、その時にクーも呼んでいただきました。私たちは喜んで出かけましたが、先着の二匹のゴールデン仲間のほえ声に思わず緊張！　なんと、クーはきららちゃんのおうちで、シャ～～とおもらしをしてしまいました。オーマイゴッド！　びっくり！　生まれて初めてクーがおもらしをしたのは、なんときららちゃんのおうちだったのです。クーのおもらしに気づかれたきららママは、焦らず手際よくさっとふきとって、「きららもしょっちゅうしていたので、慣れていますよ」とさりげなく言ってくださいました。

ありがとう、きららママ。お手数をおかけしました。クーも、ちょっぴり反省！しゅ〜ん。でも、きららパパの笑い声にすぐ元気になりました。

そしてあと一回は、我が家でのこと。私の大好きなまきちゃん（とても若くてチャーミングな私の大切なお友達です）と、リビングでボール遊びをしていた時です。まきちゃんは、大の動物好きで動物の気持ちが、手に取るようにわかるのです。すごい才能！　まきちゃんには、動物関係のお仕事についてほしいなぁ。そんなまきちゃんが投げてくれるボール遊びに、クーは楽しくて楽しくて……だい・こう・ふん！

だって、すぐ動物の気持ちになれるまきちゃんとのボール遊びは、仲間犬たちと遊ぶよりもはるかにスリリングで、まるでここはいつもの公園かと勘違いするほど、ハッスルしたのです。そして、その結果……。

「あっ、クーちゃんおしっこしてる〜」と、まきちゃんもびっくり！　クーはなんと自分の大事なクッションの上にお尻を落として（男の子なのに、クーはいつもこのスタイルでした）しゃ〜〜。まきちゃんの叫び声にも、へっちゃら！「そんなことどうでもいいよ、まきちゃんそれよりもっと遊んでよ」と、ボール遊びに夢中なのでした。

まきちゃんが帰ってから、私は家の中でクーにボールを投げてみましたが、どう投げてもあんなには喜ばなかったよ。どうしてまきちゃんの時だけ、あんなに楽しそうに遊ぶのかなぁ？　今もクーに聞いてみたいです。あの時、クーは最高に楽しそうだったよ！　目はきら〜り！　まきちゃん、クーと遊んでくれてありがとう！

ちなみに、この本の挿し絵は、まきちゃんにお願いしました。いつもまきちゃんのお手紙やカードは、まきちゃんお手製のかわいいイラスト入りです。だからどんなイラストを描いてくれるか、とっても楽しみにしていたのですが、できあがりはご覧の通り、とても

おもらし。まきちゃんとのボール遊び

かわいくクーが描かれていました。まきちゃん、たいへんなお仕事を気持ちよく引き受けてくださってありがとうございます！　クーもきっと、大喜びしているよ。

これが、クーの二回きりのおもらし事件です。クー、もっともっと、してよかったのに。

もっともっと　困らせてほしかったなぁ……。

お医者さん　八歳まで

クーのお世話になったお医者さんは、ご近所のB動物病院の院長先生です。立派な体格でやさしくおおらかな先生です。そして、そこにクーがセラピードッグとして活動していた当時、担当してくださった、元レスキュー協会の女性職員の方が、動物看護師さんとして働いておられました。

B動物病院は、当初はペットホテルもされていて、私たちも家族旅行の折に利用させていただきました。ある年のゴールデンウイークの旅行当日、クーを預けると、入院したワンちゃんの緊急手術に使う血液をクーから採りたいとの申し出がありました。

クーの血で一匹のワンちゃんの命が助かるならとこちらは快諾し、クーを病院に残し、待ちに待った家族旅行に出発しました。今思うと、なんという冷たさよ！　病院にたった一人、というか一匹だけで泊まるだけでも寂しいのに、長時間の首からの採血、ほんとうに心細かったね。クー、ごめんなさい。

ようやくといってもわずか一泊二日の小旅行を終えてお迎えに行くと、クーは家族に会えた喜びで、しっぽをパタンパタン！　力いっぱいの全振りで、ケロリ！
「クーちゃん、立派にお役目を果たしてくれましたヨ」と動物看護師さんに褒められ、クーもまんざらでもない顔。しかもそのうえ、な、なんと、クーの一泊お泊まり料金も、その時打ってもらった予防接種の料金もみんなタダ！　スゴイよクー！　こちらは、クーに対して、ごめんなさいとありがとうが入り混じった、なんとも複雑な心境になりました。

クー、たった一人（一匹でした）で、大変な思いをしたね。ごめんね。でもネ、病気のワンちゃんの命が助かってほんとうによかった。先生と看護師さんとクーのおかげだよ。そしてその後、幸せなことに、クーは八歳まで元気いっぱいの生活を送ることができました。

小さなトラブルはありましたが、その都度B動物病院に駆け込み、適切な処置をしていただきました。クーもこの病院が大好きで、診察台の上にあがっても注射をしていても、やはりパタンパタンとしっぽを振って、みんなを笑わせてくれました。

先生も、「あれ〜、クーちゃん注射しているのに、しっぽ振ってる」と、笑いながら言われました。今もＢ動物病院の皆様の心温まる応対に感謝の気持ちでいっぱいです。

Ｂ医院で。注射もへっちゃら

お医者さん　八〜十歳

八歳を半年ほど過ぎると、クーは左後ろ足が前十字靭帯断裂という病気でぶらんぶらんになり、歩けなくなりました。左後ろ足を地面におろした時、痛みで自分の体重を支えられないのです。そこでB動物病院の院長先生から、大阪市内にあるM動物病院の紹介を受けました。そこはとても大きな動物病院で、多くの医師と動物看護師さんがおられ、最新の医療機器を備えており、あちこちの動物病院から紹介されたワンちゃんたちが、最後の望みをかけて来ていました。それでもやはり助からないと告げられ、肩を落として帰る飼い主さんもおられ、見るに忍びない思いでした。

クーは、この病院で左足の骨を削り、それによりできた隙間を八センチのプレートで連結する手術を受けたのです。そして、数週間に及ぶ激痛に耐え、再び自分の足で歩けるようになりました。この手術のおかげでクーは亡くなるその日まで、大好きなお散歩を続けることができ、ほんとうに助かりました。

この病院は我が家から遠く、退院する時には息子のワゴン車で迎えに行きました。クーは息子の車を見た途端、きっと、「やった～！　これで、おうちに帰れる～。よかった～」と、胸をなでおろしたことでしょう。退院後も二週間は、絶対歩かせないように（もちろん、おしっこをする時も歩かせないように）と、細かく注意をいただきました。びっくりするほど大きなエリザベスカラーも、ご飯の時以外は外さないようにと、とても厳しい制限がありましたが、クーは一生懸命がんばってくれました。当時、お世話になりました先生と看護師さんたちには、その後、一度もお会いできずにおりますが、ほんとうにありがとうございました。

それから二年間、クーは元気いっぱいに過ごしたのですが、十歳になるほんの少し前に、前庭疾患という病気にかかりました。

この病気は老犬に多く、耳の奥の前庭という平衡感覚をつかさどる領域が侵され、神経症状が現れる病気です。突然眼球が小刻みに揺れだし、ぐるぐる回りその場に立っていられず、転倒するなどの症状が現れます。クーも目玉がぐるぐる回って、歩くことも立ち上がることさえもできず、壁にもたれかかり、体を支えるので精いっぱいでした。食事も喉を通らず、水も飲めなくなりました。たった三日間で五キロもやせ、一晩で頭蓋骨もとがり、B動物病院へ即入院となりました。翌日、面会に行っても、クーは立ち上がることはもちろん、私たちの気配に振り返ることさえできず、点滴だけが頼りでしたが、三日目に私たちが行くと、その気配に気づいたのか、必死に立ち上がり、ケージから出てこようとしてくれました。

「あっ！　クー、よくなっている！」と、入院して初めて希望がもてた瞬間でした。嬉しくて嬉しくて、涙があふれました。そして入院七日目に退院となり、クーは自分で歩いて我が家に戻れました。よかった〜！　生きて帰れたことが、何よりも嬉しかったです。この時、細やかな心遣いをしてくださった先生と動物看護師さんたちには、感謝の思いでいっぱいです。

この病気は、治っても首が曲がったままだったり、歩くと方向がゆがんだり、いろいろな症状が残り、元に戻れませんと先生に言われましたが、幸せなことに、クーは日がたつと、ほとんど前と変わりなく歩けるようになりました。ただ、舌の動きは曲がったままで、水を飲むのに今までの何倍も時間がかかりましたが、自力で水が飲めるようになったクーを見て、嬉しくて涙が止まりませんでした。

そしてこの出来事をさかいに、クーは、なんと！　我が家の玄関から、リビングの住人（住犬）に昇格したのです！　すばらしいご褒美が待っていました！

クーを飼う時の条件の一つは、玄関で飼うことでした。飼いはじめてから、私はクーを家の中で飼いたいと、何度か夫にお願いしたのですが、返事はやはりノーでした。「あ〜、どうしてもダメか〜」と、あきらめていましたが、今回もし、クーの病気が治らず、このままお別れとなっていたら私は一生後悔すると思い、この機会にもう一度だけ夫にお願いしたのです。もう一回だけ、これが最後と思い、お願いしました。結果はなんともあっさり、ＯＫ！「やった〜、神様、ありがとうございます！いえいえ、夫にありがとうございます！」でした。

夫も今回は相当こたえたようでした。クーがいなくなることを、こんなに身近に感じたことはそれまでありませんでした。クーが病院から戻り、またみんなと一緒に暮らせる幸せに心から感謝し、これからのクーとともに過ごす時間の貴重さを、深く深く心に刻みました。

これからは、いつも一緒にいられる。ただただ、この夢のような出来事に、我が家の夫に感謝の日々となりました。

はじめの約束は、

一、夫に決して面倒をかけないこと。

二、玄関で飼うこと。

三、最後まで私が責任をもって面倒をみること。

この三つでしたが、病気の後三年間は、夫ははじめの約束にこだわらずに、クーの面倒を自分から進んでみてくれるようになりました。

そしてクーは、二〇一〇年に我が家に来て十年間玄関で過ごし、その後の三年間は我が家のリビングで、みんなと一緒に楽しく過ごすことができました。

きららママが、大型犬の寿命は十年、その後は神様からの贈り物、いただいた日の一日一日を感謝して大切に過ごすのよ、と話されていましたが、クーはまさしくその言葉通りに、神様からいただいた日々を、家族の一員として精いっぱい生き抜いてくれました。出会った人々にキラキラ輝く愛をいっぱい降り注ぎながら……。

リビングに住めるようになった直後、クーが孫と一緒に撮った写真は、どの写真もクーの楽しそうな笑顔でいっぱい……神様、この素晴らしい計らいに心より感謝します。

クー、ほんとに十年間よくがんばったね。これからは一緒だよ、ずーっとずーっと一緒だよ

よかったね、クー。

健ちゃん

クーが九歳の時、今の宅配便の方が我が家の地区の担当になられました。彼の名は健太郎君。明るくておおらかで責任感の強いさわやかな青年です。世界中を旅行して、その土地の方々との触れ合いを楽しんでおられましたが、コロナ禍になったため、いったん帰国し、今を貯蓄のチャンスとしてとらえ、宅配のお仕事につかれていました。

初めて配達で我が家の玄関の扉をあけられた時、クーはまだ玄関にいたので、その大きさにきっと驚かれたことでしょう。でも生来の動物好きの健ちゃんは、あっという間にクーと仲良くなられました。私が印鑑やカードを取りに家の中に入っている間に、二人？　の距離はどんどん縮まり、仲良しになっていったようです。

健ちゃんのやさしい言葉かけに、クーは大きなしっぽをビュンビュン振り回し、時には喉の奥から甘えた声を絞り出し、二人でないしょ話をしていました。

はじめは宅配中に寄っていたので、健ちゃんは名残惜しそうに帰っていかれましたが、そのうち、その日の配達の最後に来られるようになりました。最後にすると十分ほどゆっくりクーの相手ができるので、配達の最終が我が家になるように順番を組まれていました。

その日の配達であちこちのワンちゃんに触れ、残り香をクーにかがせて反応を楽しむ健ちゃんに、こちらが癒やされました。一日の終わりにクーと会うことで、仕事で疲れた心身がリフレッシュしますと言って、にこにこ笑いながら、クーの大きな頭と体をなでなで。そんな健ちゃんを横目で見ながら、クーはしっぽをビュンビュン！

いつもどんなときも、仲良しの二人でした。

そんなある日、クーが前庭疾患で入院したのです。健ちゃんは心底心配して、退院後は我が家に、様子をのぞきに来てくれました。健ちゃん、忙しい中、ありがとう！

おかげさまで、クーはみるみる元気を回復し、おまけに（これが、すごかった）家の中で、みんなと一緒に住めるようになりました。

その後、我が家への配達のたびに、健ちゃんとクーの仲はどんどん縮まりました。

健ちゃんがお休みの日に行った旅行のお土産（もちろん、クーにです）は、本場九州のおいしい長崎カステラ、そしてクーのお誕生日には、とれたてのプチプチはじける新鮮なイチゴやとても甘いスイカ、そして秋には、三田の名産、黒大豆の枝豆など、食いしん坊のクーにはとても嬉しいプレゼントを、次々と持ってきてくださいました。いつもごちそうさまでした。健ちゃんといつもお世話になりました健ちゃんのご家族の皆様に、心よりお礼申し上げます。

健ちゃんからの、お誕生日プレゼント

クーの大好物をどうして、こんなにご存じなのかいつも不思議でした。以心伝心ってこのこと？　クーへの健ちゃんの思いと、健ちゃんへのクーの思いが重なり合うと、ミラクルパワーが生まれるのですね、きっと……。あまりにも純真で仲良しの二人の様子に、こちらはただただ癒やされていました。

そんな健ちゃんがある時、「クーちゃん、僕たちの話、わかっていますよ！」と、びっくりしたように言われました。

健ちゃんが冗談で、「明日、僕お休みなんです。家で一日中クーちゃんを触っていたいので、今日これから連れて帰っていいですか？」と私に話されると、クーはたちまち困った顔で、私の方を振り返るのです。

健ちゃんがそれに気づき、面白がって何度も同じセリフを繰り返すと、そのたびに、クーは私の方を振り返って助け舟を求めます。「困ったなぁ、健ちゃんこんなこと言ってるけど、どうする～？」と私の気持ちを聞いてくれるのです。クーは健ちゃんも私も困らせたくなかったのです。言葉が通じなくても、心でわかり合うことってあるんですね。

我が家の孫がまだ幼かった時、決してひっぱりっこをしなかったクーは、きっと自分が幼い孫にあまりにも簡単に勝ってしまうこと、その結果、幼い孫が悲しむとわかっていたのでしょう。

自分の周りの人々に喜んでもらうことがクーの願いだったのです。誰も悲しませたくなかったのです。健ちゃんの家に自分が行くと私が寂しくなり、悲しむと心配したのでしょう。

いつもどんな時も、やさしく思いやりに満ちあふれたクー。

どうしたら、私もクーのように周りの人々を、やさしさと思いやりで包むことができるのでしょうか……。

クーはいつも私の大切なお手本でした。いつかクーのようになりたいなぁ……。

そして、健ちゃんのクーへの思いやりは、クーが亡くなった今もなお続いています。

今年六月の初めに亡くなった時も、そのすぐ後のクーのお誕生日にも、そして四十九日にも健ちゃんからクーへの温かいプレゼントが届いています。

健ちゃん、クーは健ちゃんに出会えてほんとうに幸せでした。どんな時も、クーの体調を気遣ってくれた健ちゃん、そして一度もクーと会っていただけなかったのに、クーを深く愛してくださった健ちゃんのご家族様に心より感謝し、お礼を申し上げます。

クーが最後の病にかかった時、遠いお寺へご夫婦でお参りに行ってくださったうえ、そのお寺のお守りまでいただきました。クーが息を引き取った時、クーの首からお守りを外し、クーの毛と一緒に私の宝箱に収めました。健ちゃんとご家族の皆様、温かい思いやりと愛をいっぱい、ありがとうございました。

健ちゃんがいつか外国へ行っても、クーはしっぽを振りながら、きっと横を歩いているよ。だって、健ちゃんはクーの大切な友達だから……今も言っているよ、あの甘えた時に出す小さな小さな声で、「ありがとう、ぼくの大好きな健ちゃん、いつまでもぼくの友達、いつもいっしょ」って……。

そして世界ふれあい街歩きの達人、健ちゃんは素敵なアーティスト！　彼が生み出したアートは人々の心にやさしさとぬくもりを伝えてくれます。太陽に向かって精一杯咲くひまわりの花が大好きな健ちゃん、これからも世界中を歩いて愛の花をいっぱい咲かせてね。

お空の上で、クーもきっと応援している……フレーフレー！　大好きな健ちゃん！　って。

ミミママときららママ

クーが来てちょうど一年たったころ、チワワのミミちゃんを亡くされ、一人で朝のお散歩をされていたミミママに公園で出会い、今に至るまで長いお付き合いをしていただいています。この公園には毎朝たくさんのワンちゃんが集まるので、ミミママのお散歩コースになっていました。この公園でミミママ、きららママ、私の三人がそろうといつも立ち話に花が咲きました。というのも私たち三人は、なぜか全員が何かと頼りにされる温かい物腰（あつかましくも自分で言ってしまいました。お許しを）の牡牛座で気が合い、いつも会話が弾みました。

それから数年がまたたく間に過ぎ去りました。楽しく充実した時間は、あっという間に過ぎ去るのですね。いつも笑顔を絶やさなかったあのかわいいきららちゃんは、十四歳にもう少しで手が届くころに体調を崩し、パパが丹精を込め育てたペチュニアの花が咲きみだれる夏のある日、やさしいパパとママに見守られて安心したかのように少し微笑みながら、天国へと旅立ちました。いつもきららスマイルで周りを包み込んでくれたきららちゃん、お疲れ様。

そして長い間ありがとう……天国でもたくさんのお友達に囲まれ、いつものお転婆ぶりを発揮してね。

その後、寂しく切ない思いを胸に秘めたきららママとミミママが、一週間に一度、日曜日の夕方にクーのお散歩に付き合ってくださるようになりました。

クーは、きららママがいつもポケットにしのばせているおやつをそれはそれは楽しみにしていて、お散歩

ミミママときららママ。夕方のお散歩

中、遠くにお目当てのきららママを見つけると、嬉しさのあまり早くきららママにたどりつこうとして、私にかまわずグイグイとすごい力でリードを引っ張るのでした。

一方ミミママは、茹でて皮をむいた旬の栗や、塩と砂糖抜きで作った純正ワンちゃん用クッキーを作って持ってきてくださいました。焼き芋が大好物の食いしん坊のクーにとって、この毎週日曜日のお散歩は、夢のような楽しい時間でした。二人のママ、最後までごちそうさまでした。

また夏休みなどに遊びに来られた、きららママのかわいいお孫さんのリードで、お散歩に出かけたこともありました。彼女は犬が大好きで、まだ小学生なのにとてもうまくクーのリードをさばき、クーも彼女の軽快なテンポにあわせてリズミカルで心弾むお散歩を楽しんでいました。小さくても立派な訓練士さんだったたね、お見事でした！

ようやく涼しくなった秋の夕焼け空のもと、近くのグラウンドで気の合う三人のにぎやかなおしゃべりと笑い声に包まれて、クーは何を思っていたのかな？　きっと「僕が三人を守るから、安心してついてきてね」と、ナイト気取りで歩いていたかも……。ありがとう、クーは立派なナイトでした。

夕焼け空のもと、みなさんとクーとともに過ごした和やかな時間を、今、とても懐かしく思い出します。もう一度、もう一度だけ、クーと仲良し三人で、グラウンドを歩いてみたいなぁ。

ミミママときららママ

🐾 コマツさん

夫のゴルフ仲間に、クーがもし人間で生まれてきたら、きっとこんなタイプだろうなぁと思う方がおられます（失礼をお許しください）。

その方がコマツさんです。がたいが大きくていつもゆったりとおおらか、それでいて周りの方々に細やかな気遣いをしてくださいます。

クーに初めてあった時から、とても気に入ってくださったのを思い出します。似た者同士（またまた、ごめんなさい）、きっとどこかで気持ちが通じ合ったのでしょう。

趣味はゴルフと車とetc.……大好きなゴルフの後、夫を我が家まで送ってくださった時、疲れていてもわざわざ車から降りて、クーを触ってくださいました。クーも大好きなコマツさんだとわかると、頭をなでてもらい、嬉しそうにしっぽをビュンビュン！　とてもかっこいい車に乗って、あっという間に帰ってしまうコマツさんを、クーは名残惜しそうに車が見えなくなるまで見送っていました。

クーが前十字靭帯断裂の手術を受けた時も、その二年後に前庭疾患にかかった時も、コマツさんは心配して毎日電話で容態を聞き、励ましてくださいました。ほんとうに心強かったです。そして、退院後にお見舞いまでいただいたのです。それはそれは、お店では見たこともないほどの大きい、超ビッグサイズのおやつ（きっと特別オーダーです！）がいっぱい入った大きな袋でした（手に持ってみると、スゴイ重量感！）。……そして、こう言われました。

「『これは、コマツさんからのプレゼントよ』と、大きな大きな声で何回も何回もクーちゃんに言ってから、あげてくださいね」

コマツさん。いつもポルシェでかっこよく！

念をおされ、私は思わず笑ってしまいました。大丈夫、コマツさん、クーはこんなおいしいおやつは、見たことも食べたこともないと、スゴイ勢いで目を白黒させていただいていましたよ。ごちそうさまでした。

コマツさんの温かいメッセージのおかげで、クーはみるみる元気を取り戻しました。クーは、大好きなコマツさんに会えるのをとても楽しみにしていました。数年後、クーが亡くなった時もお参りに来てくださったうえ、写真までもらっていただきとても嬉しかったです。

「クーちゃんには、もっと生きていてほしかったです」とつづられたコマツさんからのメールを夫が見せてくれた時、胸がいっぱいになり涙がこぼれ落ちました。

その後奥様からも、「クーちゃんの写真は我が家の守り神です」と書かれたメールをいただきました。クーは、こんなにやさしく温かいご夫妻から愛をいっぱいいただき、得意満面で天国に戻っていきました。ほんとうに長い間かわいがっていただき、ありがとうございました。

心から、お礼を申し上げます。

お医者さん　十三歳まで

十三歳にあともう少しで届くという時、クーの左口元に黒いほくろのようなものができました。B動物病院で診察を受けたのですが、次第に大きくなりついに全身麻酔をかけた手術を提案されましたが、高齢のため、命の保証はできないと言われました。そこでかつて一度だけ、セカンドオピニオンとしてお世話になったS動物病院の先生に診ていただくことになりました。

そして超音波検査で内臓の一部から出血があり、血液検査でも肝臓の数値が異常に高いことがわかりました。こちらの病院では、再生医療として免疫療法をされていたので、がんが疑われたクーの通院が始まりました。

担当はかつて一度だけセカンドオピニオンとして診ていただいた伊藤先生です。先生のやさしい言葉かけに安心して、診察台の上でしっぽをビュンビュン振るクーは、とても元気そうに見えました。でも、超音波で調べると脾臓からの出血が見られ、肝臓もがんに侵されていました。こんな大変な状態でも明るく普段通りにふるまうクーに、のんきな私はつい安心してしまうのです。ほんとうは歩くことも立ち上がることさえつらかったはずなのに……。

できるだけクーの痛みを取り、免疫力を高め、がんを克服すること……私は、そんな虫のいいことばかりを考えて、クーの体にかかる負担をあまりにも軽く考えていました。

通院三回目から免疫療法が始まりました。

一回の治療に二回の通院が必要で、点滴の間は先生と看護師さんがつきっきりでいてくださいました。クーは昼過ぎから始まる治療を、夕方私たちが迎えに行くまでがんばってくれました。でも、翌日はくたくたで一日中家で寝て過ごしていました。こんなに疲れたクーを見ても、それでもやはりなんとか元気になってほしかったのです。もしかしたらと一縷の希望にすがる思いでした。クー、ごめんね。しんどいのに、よくがんばってくれたね。私の思いに最後まで、付き合わせて……ほんとにごめんなさい。

でも伊藤先生は、クーの限界をご存じでした。大きな病院なので、毎日驚くほど多くのワンちゃんが診察を待っています。病院の前にある八台の駐車場はすぐ満車になるので、離れた第二、第三駐車場に停めることがほとんどでした。先生はクーが無理をしてそこから歩いてくるのを心配して、そっと白衣の下に注射器を二本抱え込み、病院の裏から駐車場まで全力で走ってきてくださいました。そして後部座席に横たわるクーに、「えらいなぁ、クーちゃん」と言いながら、注射を打ってくださいました。そして、最後に私を振り返り、「急に、きますから……」と小さい声で残念そうに言われました。思わず聞き返すと、先生はもう一度、「急に来ますから……そのつもりで、いてやってください」と聞き取れないくらい小さな声で言われました。そして、この時が先生に診ていただいた最後の診察となりました。

先生、ありがとうございました。クーの生涯で最後の二か月だけでしたが、先生にお会いでき、お世話になりました幸運に心からお礼を申し上げます。

先生の支えをよりどころに最後まであきらめずに、みんなで力を合わせることができました。そして、最後の注射を受けた翌日、クーは、おいしそうにご飯をたいらげ、おしっこも外でいっぱいしてくれました。大好物のおやつも、いつものデザートの焼き芋も、すべてしっぽを振りながら、おいしそうな顔をして私の手から食べてくれました。私はこんなにおいしそうに食べられるなら、まだ大丈夫と思いました。先生から聞いていたのに、目の前のクーがあまりにいつも通りに嬉しそうに食べるので……「おやすみ、クー。大好きだよ」と、いつものおやすみなさいのあいさつを言うのも忘れるほど、その日のクーは一日中、元気に見えました。

お別れ

いつも夜中の二時になると、クーは喉が渇いて水飲み場まで行き、その時に立てる物音が二階に響くのですが、その晩は何も聞こえませんでした。

心配した夫が様子を見に一階に下りたのですが、その時は普段と変わりないクーの様子で、また二階へ戻ってきました。ですが、四時になっても物音ひとつせず、気になった夫が再び一階に下りると、クーは水を飲みに行く途中で力尽き、腹ばいになって臥せっていました。

夫からクーの容態を知らされた私は、転がるように階段を駆け下り、腹ばいのクーを抱きかかえるように覆いかぶさり、どうしていいのかわからず、ただただ名前を呼び続けていました。わずか数時間前はあんなに元気そうに見えたのに……。

クー、もっともっと私のそばにいて。神様どうかクーを助けてください……クーに生きる力をお与えくださいと、私は何度も何度も祈りました。

その苦しみの中、クーはあのいつもの声を絞り出し、最後のお別れをしてくれました。クーわかったよ、私にさようならをしてくれていたことを。僕は死んでもいつもそばにいるからね、忘れないで……と私に伝えていたことを。

二〇二三年　六月三日の朝、クーは天国へ帰っていきました……。
どんな時もキラキラ輝く愛で、人々をやさしく包み込んでくれたクー。
ありがとう。そして、さようなら……大好きなクー。

その朝、クーの来院を待ってくださっていた伊藤先生に、電話でお知らせすると、「クーちゃんはやさしいだけでなく、どんなことも我慢できる心の強い子でした。最後までご家族と一緒に過ごせてクーちゃんは幸せでしたね」と言ってくださいました。
クーは、伊藤先生に出会うことができて信頼して治療を受け、かけがえのない時間を家族とともに過ごすことができました。心よりお礼を申し上げます。先生、ほんとうにありがとうございました。

告別式

六月三日の土曜日の朝に亡くなったクーは、その日一日家で過ごしました。まず娘と息子に知らせ、次に毎週日曜日の夕方、クーと一緒にお散歩を楽しんでくださったミミママときららママにお知らせしました。ミミママはお仕事を早く切り上げてくださり、お二人とも夕方にはお別れに来てくださいました。三人でクーを囲んでアルバムを見ながら思い出を語り合い、温かい時が流れました。クーは大好きなお二人が、誰よりも早く駆けつけてくださって、嬉しかったに違いありません。ほんとうに貴重な時間をありがとうございました。

翌日の日曜日、梅雨入りしたにもかかわらず、雲一つない青空のもと、クーは息子の白いワゴン車の荷台に乗り、T動物霊園へと向かいました。

クーは、息子の白いワゴン車に三回乗りました。

一度目は、伊丹空港から我が家まで。二度目は、M動物病院から我が家まで。三度目は、我が家からT動物霊園まで。そして、この時が、クーが息子の車に乗った最後になりました。

思えば十三年前、ブリーダーさんにお断りの電話をかけようとした時、もしその場に息子がいなければ、クーは我が家に来ることはなかったのです。息子とクーは目に見えない糸でつながっていたのかもしれません。私にとって、どちらもいつまでも大切な息子たちです。

クー、ほんとうに長い間ありがとう。最後まで、よくがんばったね。

何度も何度も私は、最高の贈り物をくださった神様に心から感謝の祈りを捧げました。

光がキラキラと降り注ぐ青空のもと、私たち夫婦、娘、息子、孫たち全員のさようならとありがとうの声に送られ、クーは天国へ帰っていきました。

二〇二三年六月三日　享年十三歳

穏やかでやさしいクーに似合う、みんながそろった温かい告別式でした

告別式の後、クーにいつも声をかけてくださったご近所の方々、クーが走り回って遊んだ朝の公園でお知り合いになった方々、十三年間お世話になったB動物病院の皆様、S動物病院の皆様、そして夫や私の大切なお友達、ほんとうにたくさんの方々からお花が届けられました。そしていつもお散歩でやさしい声をかけてくださったご近所のかめいのおばあちゃまからはかわいいお線香の箱をいただきました。クーがこんなに多くの方々に愛されていたのかと改めて知り、今も感謝の思いでいっぱいです。

皆様ほんとうに長い間、クーがお世話になり　ありがとうございました。

🐾 四人の仲間たち

二〇二三年六月三日にクーが亡くなり、しばらくすると私は寂しさのあまり食欲が落ち、夜も眠れなくなりました。いつか来ることはわかっていたのに、いわゆるペットロスの状態になっていたのかもしれません。

そんな私を心配した近所に住む姪っ子のメグが、北海道から遊びに来ていた彼女の友人のリカさんとメグの母親（私の大好きな姉です）との三人で茶話会を開いてくれました。リカさんとは初対面でしたが、明るくチャーミングな方ですぐお友達になることができました。

そしてみなさんにクーの話をいっぱい聞いてもらい、クーのやさしさと思いやりを一人でも多くの方々に知っていただくことが、私の使命だと言われました。その言葉を聞いた時、それまで雲に覆われ、もやもやしていた私の心の中が、パーッと晴れ渡るような気がしました。まずは絵本をつくろうということになりましたが、いざ私が文章を書くと思いがとめどなくあふれ、どんどん文章が増え、この本ができあがりました。

そこで私は久しぶりにクーの話を心行くまで聞いてもらえました。そして労りと好意に包まれた時間を過ごし、抱えきれない悲しみと喪失感を語り、分かち合うことができました。

みなさんとお別れした帰り道、車窓から雨上がりの空を見上げると、天と地をつなぐ大きな虹が鮮やかにかかっていました。クーがこの本の完成を願って見守ってくれていると確信した瞬間でした。

これからはクーとともに過ごした時間を振り返り、クーの本をつくるという目標に向かって進んでいこうと、何か嬉しいもので心が満たされました。

ペットロスはつらかったけれど、そのおかげでこんなに思いやりあふれるみなさんと出会うことができました。私の胸は喜びに震えるようでした。

今日からは大きな目標に向かって、ペットロスとはさようなら！

大好きなみなさんの温かいお心遣いに深く深く感謝して……。

🐾 四十九日に……

クーの四十九日は、二〇二三年七月二十日でした。その日は朝からまるで梅雨明けしたかのような雲一つない青空が広がっていました。

まだクーのいない生活にどうしてもなじめない夫と私でした。

いつもクーがいた場所を見るたびにクーがいない寂しさを、外出から帰るといつもパタンパタンとしっぽを振り、出迎えてくれたクーのいない空虚感を、掃除機にクーの毛が一本も絡みつかない物足りなさを……何もかもクーがいないことを認識することばかりで、胸の痛む毎日でした。でも今日は四十九日、クーのお参りに出かけようと夫と私は、動物霊園に向かいました。

人間も動物も与えられた命をみんな最後まで生き抜きたいと思います。でもいつかは必ず尽きる命、次の世界へ旅立つ時がきます。最後まで自分に与えられた使命を一生懸命に生き抜いたクーの姿は、私に命の尊さを教えてくれました。私はクーに感謝の気持ちでいっぱいになって、お参りから帰ってきました。

帰ってきた直後、まるで私たちの到着を待っていたかのように、小包が一つ届きました。びっくりして差出人を確かめると、先日お会いして励ましていただいた北海道のリカさんのお友達のトモヨさんからでした。中にはトモヨさんが描いてくださった笑っているクーのイラストと、クーのイラスト入りキーホルダーが二個、同じくボールペンが一本、そしてトモヨさんのお手紙とクーからのメッセージが入っていました。

ちょうどひと月前、私を励ます会を開いてくださったメグとお母さんとお友達のリカさん、ほんとうに多くの方々にクーを失った悲しみを共感してもらい、やさしさと労りをいっぱいいただいたのに、今また四十九日にみなさんから愛のこもったプレゼントが届きました……それは、何物にも代えがたい私の宝物。まるで、四十九日に落ち込んでいる私たち夫婦を心配してクーが、戻ってきてくれたかのような温かい思いに包まれました。

クーが我が家に来てくれたことに感謝、そしてこれからはクーを失った悲しみも含めて自分の人生の一部にしていこうと心に決めました。

多くの方のやさしさと思いやりに、心が震えるほど感謝して……。
みなさんほんとうに、ありがとうございました。

🐾神様からのメッセージ

クーが亡くなる少し前、夕方のお散歩で心に残る出来事が三つありました。

夕方いつものコースをお散歩していると、女子中学生が二人、こちらに向かって歩いてきました。クーの前まで来てじっと見つめたかと思うと、二人そろって映画『フランダースの犬』のパトラッシュが天国に召されるシーンのメロディーを口ずさみはじめました。パトラッシュは犬でありながらご主人様であるネロの言葉を理解し、彼のために行動します。言葉を理解するだけでなく、人間に近い考えを持っている心やさしい犬なのです。彼女たちはきっと、老犬でやさしさあふれるクーの雰囲気から、パトラッシュを連想したのでしょう。

そのメロディーに私は思わず抑えきれない悲しみがこみ上げてきて、クーとのお別れが迫りつつあると感じました。

その後、やはり夕方のお散歩中、一軒の家の前を通ると、年配の女性が門から出てこられました。私は初めてお目にかかったのですが、愛おしげにクーをご覧になり、「私はこの子を小さい時から知っています。ずっと見ていました。ほんとに長生きできてよかったですね」とやさしいまなざしで話され、それだけ言うとすぐ家の中へ戻っていかれました。

そして最後はクーが若く元気なころ、毎朝、クーをサッカーチームに入れて遊んでくれた少年のおうちの方にお会いした時です。ほんとうに何年かぶりに出会い、まだ私と一緒にお散歩しているクーを見て、「クーちゃんは長生きできましたね」と言って、びっくりされていました。

私は言いようのない不思議な気持ちになりました。これは……神様からのメッセージかもしれない、とってもとても悲しかったけれど……そんな気がしました。「もうじゅうぶんにお役目は果たしたよ。戻っておいで、天国へ帰る時が来たよ。みんな待っているからね」とクーに告げられていると感じました。

もっともっと私のそばにいてほしい。いつまでもクーのやさしさと思いやりに包まれていたい。私はわがままな自分の思いと悲しみで、胸がはりさけそうでした。

クーはもうすぐ十三歳、高齢のクーにいつその時がきてもおかしくないと覚悟しなければならなかったのです。でもどうしても私はクーとの別れを認めることができませんでした。どうしてもクーと離れたくなかったのです。クーのいない生活は考えられなかった……。

クーのやさしさと思いやりに丸ごと甘えた十三年間でした。どんな時も寄り添ってくれたクー、ひたすら愛をそそいでくれたクー、私は悲しい時も寂しい時もクーがいてくれたおかげで乗り越えることができました……クー、ほんとうにほんとうに、ありがとう。

この三つの出来事は神様からのメッセージ……。

私はクーとの別れが目の前に来ていることを知りました……。

悲しかったけれど寂しかったけれど……そう感じました。

🐾 私の闘病とクーのぬくもり

私事になりますが、実はこの三年間、二度がんの手術を受けました。二〇二一年から二〇二三年、たった三年の間に……私は二度がんを患い、そのさなかにクーの発病と別れがありました。

一度目は二〇二一年四月に、子宮体がん摘出の手術を受け、二年後の二〇二三年八月に乳がん摘出の手術を受けました。

二度とも、コロナ禍の渦中でしたが、幸運にも診察を受けるとすぐに手術をしていただき、ほんとうに多くの方のお世話になりました。そのおかげで今はとても元気に過ごしています。

二度目の乳がんは子宮体がんからの再発ではなく、新たながんが発生という状況でした。私はがん体質になっていると自覚し、二度目の手術後からは、がん細胞を消す食事を毎日心がけ、夫と二人でクーとの思い出を語らいながら、楽しくテーブルを囲んでいます。そして昨日より今日、今日より明日がさらに輝けるよう願います。

子宮体がんで入院の時は、クーはまだ元気で夫とともに私の帰りを待っていてくれました。朝から晩まで玄関で私を待っていると夫から聞き、私は一日も早く家に帰りたいと思いました。

そしてようやく我が家に帰った時、しっぽを振りながら私に飛びついてくると待ち構えていたのに、クーは遠巻きに他の方々のわくの外からず～っと私を眺めているのです。すぐ飛びついてくると期待したのにこの距離感！　しょんぼり……。

ところがみなさんがお帰りになった途端、待っていたかのように、クーは腰かけた私の足元にすり寄り、口先でやさしく私の手を持ち上げ、その手の下に自分の頭を滑り込ませ、頭をなでてもらおうとするのです。何回も何回も、いつまでもいつまでも……。そして、「もう、だいじょうぶ？　ずーっといっしょにいられる？」と、とても心配そうな目でやさしく聞いてくれました。クーのぬくもりと労りを肌に感じ、心から癒やされた時間でした。「クー心配かけてゴメンね。でも元気になったから、もう安心してね、クーもよくがんばってくれたね」と、私もクーに伝えました。その日、クーは眠りにつくまで、私から離れませんでした……。

それから二、三日後、ようやくもとの生活に戻れたのですが、手術後のお腹の痛みがひどく、朝トイレでうずくまる毎日でした。あまりの痛みに涙を拭きながら出てきた私を見て、クーはさぞ驚いたのでしょう、それから私がトイレに入るたびに、心配で居ても立っても居られず、私が出てくるまでトイレの前を行ったり来たりするのでした。「今日はだいじょうぶ？　痛くなかった？」と、心配そうな顔をして……。その後、私の腹痛も治まると、クーも安心したのか、トイレの前で待つこともなくなりました。いつも心配をかけて、ごめんね、クー……。

それから二年後、二〇二三年八月に乳がんの手術を受けた時は、その二か月前にクーは亡くなってしまったので、夫は一人ぼっちで私の帰りを待っていてくれました。あとで夫から聞いたのですが、夜一人、疲れてソファーでウトウト寝てしまった夫の横で、クーがとても心配そうにのぞき込んでいたそうです。思わず夫がクーの体に触れようと手を差し伸べると、まるで霧の中に手を突っ込んだ時のように、何も触れることはできなかったと話してくれました。その話を聞いた時、私は涙がボロボロこぼれました。

クーは一人でがんばっている夫が心配で様子を見に来てくれたんだと思いました。でも私も会いたかったよ、もう一度、もう一度だけでいいから、クーに会いたかったよ……。

クーが伝えたかったこと

自分の周りの人々に喜んでもらうことが、クーの喜びだったことに今ようやく気づきました。

神様が天国からクーを送り出された理由は、私たちとともにクーが生きることによって、クーの存在が周りの人々を幸せにすることだったのだと……。

クーがいてくれることで、傷ついた人々の心がなんとなく温まる、「あ～生きていてよかった」とホッとする……これこそ、クーが天国からこの世界に送り出された理由でした。

生きている間に誰かを幸せにする。自分が生きているそのことにより、自分の周りの人々が幸せになる。いつもどんな時も、クーはやさしさと思いやりで、出会った人々の心を温かく包み込んでくれました。

目と目を合わせるだけで、言葉より通じるものが生まれるのです。クーは、傷つき疲れた心に寄り添い、ぬくもりを与え続けてくれました。

私も私がいることで、誰かを幸せにすることができたら、そのことにより自分も喜びを感じることができる。

クーが私にしてくれたように、私も傷ついた人の心を好意と労りで包み込んでいきたい。愛で周りの人々をやさしく包み込めたなら、この出会いが与えられた意味があるのだと気づきました。

誰かを幸せにすることで、私が幸せを感じるだけでなくその周りの人々も幸せになり、愛の光でみんなの幸せを包み込める。みんな一緒に幸せになれる。

クーが伝えたかったこと、
自分が生きているのは、傷ついた誰かを幸せにするため……それが今ようやくわかりました。

人生はどんなご縁で結ばれ、何が起こるかは神様にしかわかりません。すべての出会いは、長いか短いかが問題ではなく、どんな思いを通い合わせることができたかが大事なのです。

クーが出会った人々に、「あなたを大好き、あなたは大切」としっぽを振りながら伝えたこと、出会った人のすべてに笑顔で愛を与え続けたこと、これこそ神様からいただいたクーの使命だったのです。

クー、愛をいっぱい、ありがとう。

この話を最後まで読んでくださった方々に、目が合うと頭だけを持ち上げ、嬉しそうな顔でしっぽを振ってくれるクーのぬくもりを、愛を感じていただければ、とても幸せです。

クーは誰からも　愛されました。
クーもすべての人が　大好きでした。

清楚な紫と白の紫陽花が咲き誇る梅雨のある朝、クーはたくさんの天使に見守られ、神様のもとへ帰っていきました……神様からいただいた使命をひたすらに生き抜いて……。

ありがとう　クー。さようなら　クー。
神様からの贈り物、クーと一緒に過ごせた日々に　心から感謝して……。

二〇二三年十一月十八日

クーちゃんからのメッセージ（プレゼント①）
クーちゃんは 天国で 体を やすめたり
ボール遊びや キラキラの お花や 自然の中を
かけまわっています。もう少し 天国を満喫後
秀子さんFamilyの守護天使（守り神）になる
そうです。何もないのにお花のかおりや キラキラ
を感じた時はクーちゃんからのメッセージ
だと思ってください。
秀子さんのあったかい笑顔と優しい声を
クーちゃんは大スキとのことです。　知代
ボールペン
プレゼント②

トモヨさんから届いたクーからのメッセージ

あとがき

クーの話を書くことは、私にとって思いもよらないことでした。

クーが元気でいてくれた時は、クーのやさしさも思いやりもまるで当たり前で、「クーいい子、いい子」「クー大好き～！」と気軽に頭をなで、クーも嬉しそうにしっぽを振りながらこたえてくれました。

そんなクーが逝ってしまい、私の心にどうしても埋まらない穴がポッカリ開いた時、姪っ子のメグに、クーのことを他の多くの人々に知っていただくために本をつくることを勧められ、亡きクーに捧げる思いを込めてこの本が出来上がりました。

この本を手に取り、最後まで読んでくださってありがとうございました。この本に書いたことは、クーと過ごした日々の中ですべて実際にあった出来事です。私もこれからどんどん歳を重ねてクーとの思い出が色あせてしまう前に、どうしても書いておきたいと思いました。

楽しかったこと悲しかったこと、嬉しかったこと辛かったこと、クーとの思い出を

あとがき

今こうして書くことにより、クーとともに過ごした時間を振り返ることができました。

クーのさりげないしぐさを思い出し、「あっ、クーはあの時、こういうつもりだったのか」、またあるときは、「クーはこんなに、私たちのことを思ってくれていたのか」とわかってきて、ありがたくてそのたびに感動し感謝の気持ちでいっぱいになりました。そして、どんなにクーが私を支えてくれていたかに今ようやく気づきました。原稿を書きながら、涙がボロボロ流れることもありました。クーのあのやさしい目に、甘えたしぐさに今再び触れることができれば、どんなに幸せかと何度も思いました。

でも、二〇一〇年六月に生まれたクーは、二〇二三年六月に亡くなるまでの十三年間、私たち夫婦に寄り添ってくれました。

今はその幸せにただ深く感謝し、クーが周りの人々に与えてくれた好意と労りが、ほんの少しでも皆様に伝わることを願うばかりです。

すべてのご縁がつながって、出会いは生まれます。

すべての出会いが大切なのです。

クーは出会った人々のすべてを照らし、温かいつながりを作ってくれました。私もつらく悲しい時、クーが与えてくれたぬくもりでどれだけ励まされたことでしょう。

クーはどんな人にも、どんな時でも出会った人々に幸せになってほしかったのです。この三年間は私にとってとてもつらい時期でしたが、ほんとうにたくさんの方々から温かな好意と労りをいっぱいいただきました。ほんとうにありがたく、感謝の言葉が見つかりません。

思いもよらない病気にかかり悩み苦しんだ時、一人では抱えきれない不安な思いを分かち合い、心から応援していただきました。そして喜びをも分かち合うことができました。

どんな苦しみに直面しても、その苦しみを分かち合える友がいること、その友は自分の人生でどんなに大切な存在であるかに気づきました。

そして受けた好意と労りを、新たな人生でいつの日か、どなたかにその一部でもお返しできればと願います。

かけがえのない存在として自分を愛し、そして他人を愛し、生きとし生けるものすべてを愛するために、いのちはあると信じます。

途中、この本に書かせていただいた多くの方々にそれぞれの箇所に目を通していただきました。そして皆様から一日も早い本の完成を願っていますと、温かい励ましのメッセージをいただきました。それは目標に向かう私の大きな力となり、喜びを分かち合える友の大切さが身に沁みました。みなさん温かい励ましの言葉をありがとうございました。

健ちゃんは、今もなおクーのいない我が家にクーとの思い出を話しに立ち寄ってくださいます。私の大好きなクッキーを持って……どれだけクーのいない寂しさが癒やされていることでしょう。健ちゃんとの交流のおかげで、寂しがり屋の私はどんどん元気になれました。健ちゃんいつもありがとう!

この本の挿し絵をお願いしたまきちゃんにも、心より感謝いたします。まきちゃんの才能でクーが元気だったころの一コマ一コマがよみがえりました。細やかな配慮とやさしい視点で描かれた挿し絵を見ていると、クーが今もなお、私といっしょにいてくれるような温かい気持ちに満たされます。まきちゃん、ほんとうにありがとうございました。明るくはじける笑顔のまきちゃん、私と笑いのツボが同じで二人でいると笑いっぱなし、幸せな時間をいっぱいありがとう！

　そして、二匹の全盲の

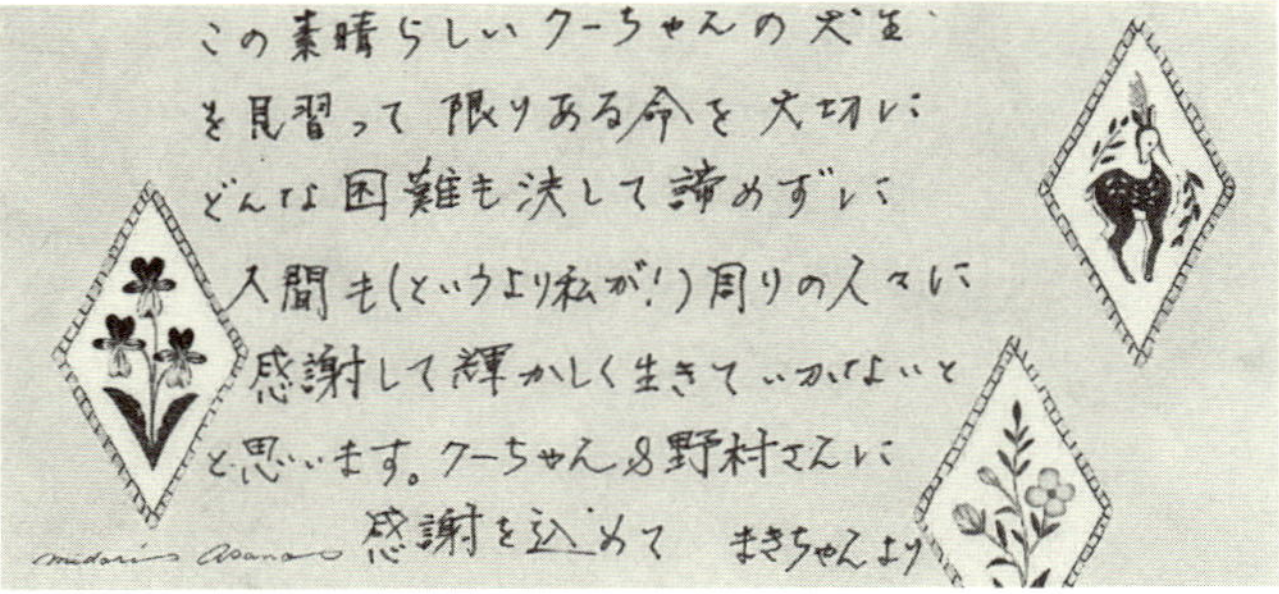

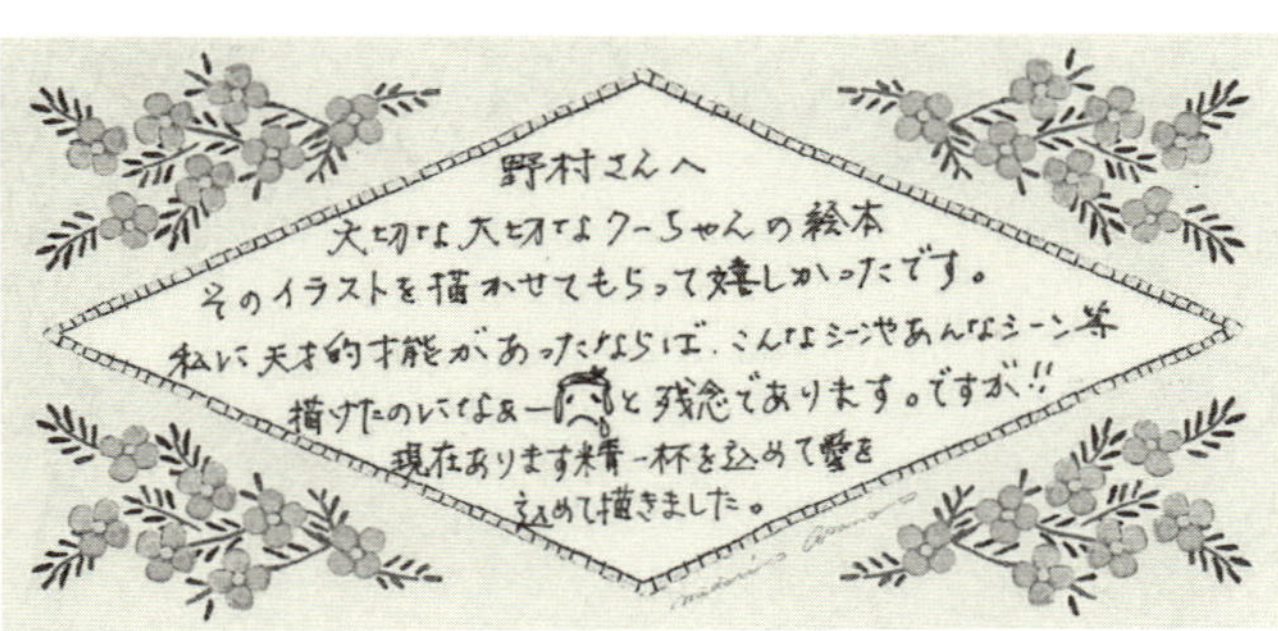

たくさんの挿し絵と共に届けられたまきちゃんからの心温まるメッセージ

保護犬の里親になり、彼らの幸せを心から願い、かけがえのない日々を共に過ごした慈愛あふれるヨッシー。ご自身も病気に向き合われているのに、いつも私の体を心配して励ましのお見舞いメールを送ってくださる心やさしいポチママ。毛糸玉でクーの顔を見事に作り上げ、クー亡き後、生きているうちに渡したかったと夕方我が家に自転車で届けてくださったはるちゃんママ。二度目の退院後、手作りゆず茶を携え食事療法の本を三冊も持ち、駆けつけてくださったミミママ（何年か前、クーのために手作りのレインコートをプレゼントしてくださったのに、クーがおデブで入らず一度も着せられず、ごめんなさい）。いつも温かく見守り、グッドアドバイスをしてくださるご近所の心強い味方のタナカ夫妻と楽しいゴルフ友達のコマツ夫妻。小さい頃から大の仲良しの従姉妹のヨシミちゃん。クーの似顔絵をお願いした時、図書館まで出向き、動物のデッサンの研究をしてから描いてくださったと聞きました。この絵を見た時、まるでクーが戻ってきたような気がして、涙が止まりませんでした。ヨシミちゃん、ほんとうにありがとうございました。この絵を見るたびに、私はどんどん元気になれそうです。

そして……誰よりも手術のたびに私の体を心配して滋養あふれるおいしいお惣菜を食べきれないほどいっぱい手作りして、愛情とともに届けてくれた私のたった一人の大切な姉……。


数えきれないほど多くの人々からの好意と労りに包まれて……、私はこんなに元気になれました。

今、この場をお借りして、心よりお礼を申し上げます。

みなさん、ほんとにありがとうございました。


はじめは犬を飼うことも家の中に上げることも猛反対だった夫が、クーの通院のたびに車の後部座席にクーを乗せるため、全身の力を込めてクーを抱きかかえてくれました。長年の腰の痛みも我慢して……。

クーが亡くなった後、夫が「もう一回だけ、クーをこの手で抱き上げたかった」と、言ってくれた時、私の目から涙がボロボロとこぼれました。

今、心より夫に感謝します。ありがとうございました……。

人とのご縁、小さきものとのご縁が重なって出会いが生まれます。それはまるで奇跡。神様だけがご存じです。

出会ったすべての人々と小さき生き物の「命をいつくしむ」こと。

そして「愛し、支え合う」こと。

これこそクーが伝えてくれた、神様からのメッセージでした。

もうすぐクリスマス、クーのいない十四年ぶりのクリスマス、寂しくて仕方ないけれど……。

この時期になると演奏されるベートーヴェンの「交響曲第九番第四楽章（歓喜の歌・合唱）」の歌詞の一部です。

あなたの不思議な力が、
わたしたちを再び結びつける、
生き方が違ってしまっている、わたしたちを。
全ての人々は、兄弟となる、
あなたの、優しく大きな羽の下で。
（「歓喜の歌」J・C・F・Vシラー原詩　第九ひろしま採用公式の日本語訳　第九ひろしま音楽アドバイザー　合唱指導者 松本憲治訳）

神様からの贈り物、クーとともに過ごしたこの十三年間のすべての日々に、
今、心より感謝します……。
ありがとうございました。

先日、八か月ぶりに二度目の手術後初めてのゴルフに行くことができました。前回

ゴルフに行った時は、クーは我が家にいて、私たちの帰りを一日中待ってくれていたことを思うと、クーのいない我が家に帰ることがとても切なく悲しくなり、涙があふれてきました。クーは私たちのゴルフの日、たった一人ぼっちで何回お留守番をしてくれたの？　クー寂しかったね、ごめんね。でも、おかげで安心してゴルフを楽しむことができました。クーのおかげです。ほんとにありがとう。

そして夕方のお散歩も、ようやく一人で行けるようになりました。クーがいつも横にいると思えるようになりました。夕日に向かって歩く時、私はパラソルと帽子でまぶしくなかったけど、クーはいつも下を向いて歩いていたね。その道を今は一人で歩くけれど、寂しくなんかない。だって今も、これからも先も、ずーっとずーっと、私はクーのやさしさに包まれているから……（ほんとは、半分以上夫と一緒にお散歩していますが……）。

図書室勤務当時、『ある犬のおはなし』という絵本に巡り合い、犬たちが直面している現実を知りました。幸せな子犬時代から一転、飼い主にあきられ捨てられ、のら犬になり、最後は殺処分される犬の生涯が描かれていました。この現実を多くの人々に知ってもらい、一匹でも多くの命が救えたらどんなにいいかと長い間思い続けておりましたが、この本の執筆中、ふと携帯電話をのぞくと、画面に突然ピースワンコジャパン（殺処分撲滅ＮＰＯ団体）の映像が映っていました。この本で私が得た利益をはじめ、ピースワンコジャパンへの寄付活動することを決意した瞬間でした。

この基金活動により、一匹でも多くのワンコの命が救われ、希望にあふれた生涯を過ごすことができればと、切に願います。

クーはもういないけれど、この本を読んでいただいたことで、皆様の前に生き生きとした元気なクーの姿が現れたなら、そして「人のために生きる喜び」が一人でも多くの皆様に伝われば、これ以上の幸せはありません。この本を手に取り、最後まで読んでくださった一人一人の皆様に、今、心より感謝を捧げます。ありがとうございました。

なお、出版にいたるまで大奮闘してくださいました方々に、お礼申し上げます。

そして最後に、私がいつも思い出す竹内まりやさんの「いのちの歌」の歌詞を、みなさんに紹介したいと思います。

この歌詞を思える人生を生き抜いている人々に、私はたくさん出会うことができました。そういう人々の人生に触れることができ、私はほんとうによかったと思います。

いのちの歌　（作詞　Miyabi　作曲　村松宗継）

生きてゆくことの意味　問いかけるそのたびに
胸をよぎる　愛しい人々のあたたかさ
この星の片隅で　めぐり会えた奇跡は
どんな宝石よりも　たいせつな宝物
泣きたい日もある　絶望に嘆く日も
そんな時そばにいて寄り添うあなたの影

二人で歌えば懐かしくよみがえる
ふるさとの夕焼けの優しいあのぬくもり

本当にだいじなものは隠れて見えない
ささやかすぎる日々の中に　かけがえない喜びがある
いつかは誰でも　この星にさよならを
する時が来るけれど命は継がれてゆく
生まれてきたこと　育ててもらえたこと
出会ったこと　笑ったこと
そのすべてにありがとう
この命にありがとう

皆様、いつまでもお元気で……。
皆様のご多幸を心より願って。

この原稿を書き終えた数時間後、健ちゃんがクーのお参りに来てくれました。夫と二人っきりの寂しい大みそかの夜が、あったかさに包まれました。健ちゃん、ほんとに嬉しかったです。

二〇二三年十二月三一日

追記

今朝の食卓で夫が昨晩の出来事を話してくれました。明け方の四時ごろ、クーが二階に上がっていたそうです。一階に下りようとするのですが怖くて下りきれずに困っていたクーを見て、夫はクーを両手に抱き上げ、階段をゆっくり下り、一階にクーを下ろしてやったと話してくれました。最後にもう一度だけ、この両手でクーを抱き上げたかったという夫の願いがかなえられた瞬間でした……。

最後に、私たちが幸福になることのできる三つの鍵を皆様に捧げます。

いつも喜んでいなさい。

絶えず祈りなさい。

すべての事について、感謝しなさい。

（日本聖書協会『口語訳聖書』テサロニケ人への第一の手紙　五章十六―十八節）

神様からいただいた贈り物、すべてに今、心より感謝して……。

二〇二四年一月十五日

著者プロフィール

野村 秀子（のむら ひでこ）

兵庫県川西市生まれ。神戸山手短期大学文学部卒業。
毎日新聞大阪本社広告局、箕面自由学園中学高校図書室等勤務。

口絵イラスト・北川好美
本文イラスト・古賀真紀子

104頁の一筆箋：表現社 cozyca products / イラストレーター 浅野みどり

神様からの贈り物 クーが伝えたかったこと

2024年9月15日 初版第1刷発行

著 者 野村 秀子
発行者 瓜谷 綱延
発行所 株式会社文芸社
〒160-0022 東京都新宿区新宿1－10－1
電話 03-5369-3060（代表）
03-5369-2299（販売）

印刷所 TOPPANクロレ株式会社

ISBN978-4-286-25667-2 JASRAC 出 2404693－401